儿童安全系列图书

穿得健康
——儿童服装安全

杜立娜　邢云英　等 编著

中国质检出版社
中国标准出版社

北　京

图书在版编目（CIP）数据

穿得健康：儿童服装安全/杜立娜，邢云英等编著 .—北京：中国质检出版社，2015.3

ISBN 978-7-5026-3975-4

Ⅰ.①穿… Ⅱ.①杜…②邢… Ⅲ.①童服—产品质量—质量管理 Ⅳ.①TS941.79

中国版本图书馆 CIP 数据核字（2015）第 027088 号

中国质检出版社
中国标准出版社 出版发行
北京市朝阳区和平里西街甲 2 号（100029）
北京市西城区三里河北街 16 号（100045）
网址：www.spc.net.cn
总编室：(010)68533533 发行中心：(010)51780238
读者服务部：(010)68523946
中国标准出版社秦皇岛印刷厂印刷
各地新华书店经销

*

开本 880×1230 1/32 印张 2.25 字数 44 千字
2015 年 3 月第一版 2015 年 3 月第一次印刷

*

定价 **10.00** 元

编委会

主编 杜立娜

编委 杜立娜　邢云英　王晓梅

钱晓明　于　兰　葛传兵

唐湘涛　靳　铁　王　杰

前 言

儿童是从出生到14周岁的人，他们是家庭的核心，社会关注的焦点，国家的希望。服装是儿童成长过程中不可缺少的。由于儿童精力充沛，活泼、好动，穿着过程中身体可能缠上绳索、绳带或窗帘；坐下或跌落时，绳索可能绕颈部缠紧，发生危险。另外，儿童服装质量若存在安全隐患，可能对儿童造成划伤、窒息、过敏、致癌等危害。由于服装安全具有一定的隐蔽性和时效性，因而容易被大多数家长忽视。

本书主要介绍了儿童服装产品基础知识、安全指标及危害、儿童穿着服装和选购童装的注意事项及遇到服装质量问题该如何维权，指导广大家长们选购安全童装，使儿童穿着服装过程安全，为儿童健康快乐成长提供良好条件。

编者

2014年11月

目 录

第一章　儿童服装产品基础知识

儿童是从出生到14周岁的人，其中36个月及以下的儿童被称为婴幼儿。儿童是家庭的核心，社会关注的焦点，国家的希望。然而，他们在成年人的环境中出生和成长，有着与生俱来的好奇心，因此在童年时期遭遇伤害的可能性特别大。近年来，关于食品、玩具、童装等安全问题接连被媒体曝光，家长们在忧虑孩子成长之余，越来越关注儿童用品的安全性。与食品安全相比，童装安全由于具有一定的隐蔽性和时效性，往往容易被大多数家长忽视。本章主要介绍一些儿童服装产品基础知识，加深家长们对儿童服装产品的认识。

第一节　儿童服装产品分类

儿童服装可以分为多种类别，本章依据年龄大小、面料组织、用途进行分类如下。

一、依据年龄大小分类

不同年龄段的孩子身体特征不同，在儿童服装业中，可划分出不同类型的服装。其主要类型如下。

1. 婴儿装

婴儿装是指周岁以内婴儿所穿的服装。这时的婴儿皮肤细嫩、头大体圆、好奇心强，完全需要家人的照顾。

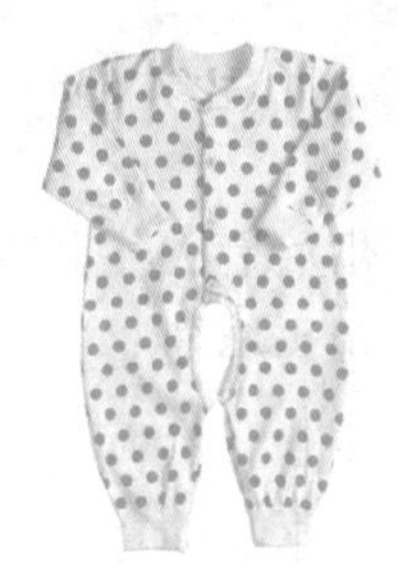

图 1-1　婴儿装

2. 幼儿装

幼儿装是指 1～3 岁的幼儿所穿的服装。这时的幼儿活泼好动、肚子滚圆。

图 1-2　幼儿装

3. 儿童装

儿童装是指4～6岁的儿童穿的服装。此时的儿童生长迅速、调皮好动。

图1－3 儿童装

4. 少年装

少年装是指7～14岁少年穿的服装。这时的少年身体发育变化很大，性别特征明显。他们往往有自己的审美爱好，特别喜欢新奇的服装，常常别出心裁。此时的孩子身体发育很快，需要不断更新服装。

图1－4 少年装

二、依据面料组织可以分为机织面料服装和针织面料服装

1. 机织服装

是采用机织面料缝制的服装。由相互垂直的经纬纱线，按照一定组织循环规律相互交织而成的面料为机织面料（又称为梭织面料）。如外套、裤子、衬衫等。

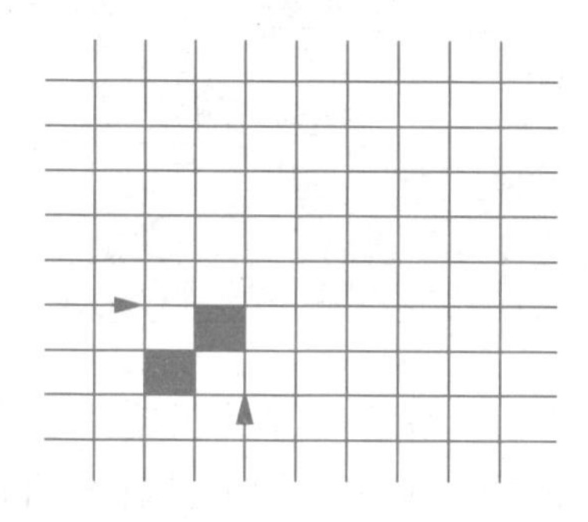

图 1-5　机织结构示意图

图 1-6　机织面料

图 1-7　机织服装

2. 针织服装

是采用针织面料缝制的服装。由至少一组纱线系统形成线圈，且彼此相互串套而形成的面料为针织面料。如内衣、打底裤、T 恤、运动衣等。

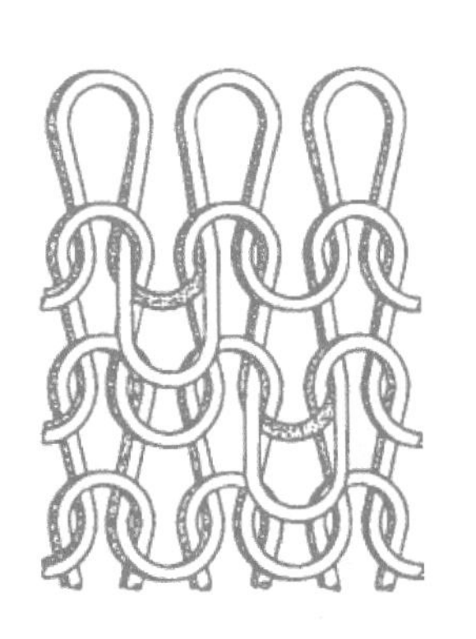

图 1-8　针织结构示意图

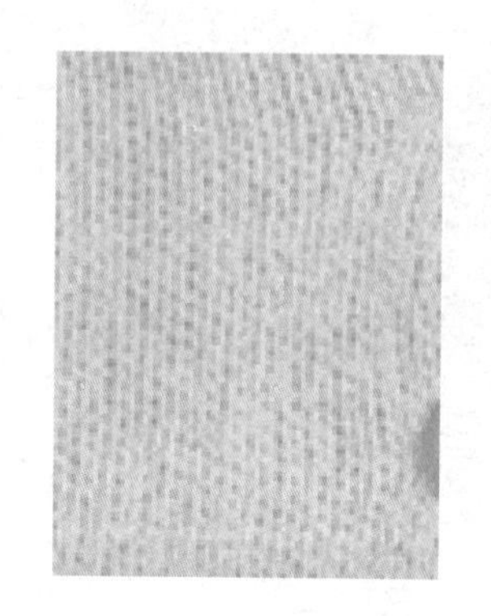

图 1-9　针织面料

图 1-10　针织服装

三、依据用途可以分为内衣和外衣

内衣可分为背心、内裤、秋衣秋裤等，外衣可分为风衣、夹克、棉服、羽绒服等。

图 1-11　儿童内衣

图 1-12　儿童外衣

第二节　儿童服装产品标识内容

家长们在购买儿童服装时，会看到服装上有类似于图 1－13 的吊牌，衣服内部会缝有如图 1－14 所示的水洗唛（即耐久性标签），那么家长们知道吊牌和水洗唛上的内容是什么意思吗？知道吊牌和水洗唛上必须标注哪些内容吗？下面为大家简单介绍一下。

图 1－13　服装吊牌

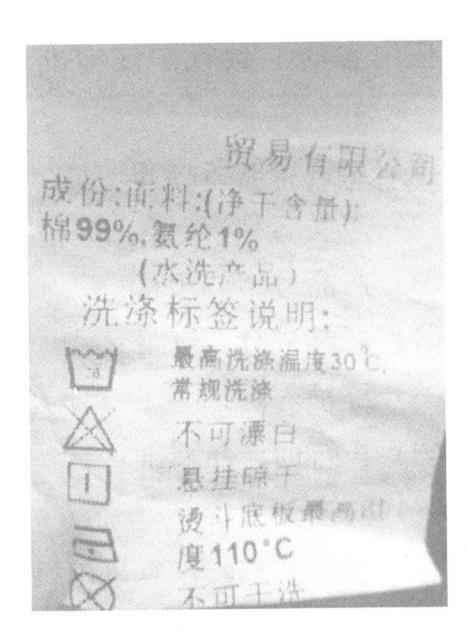

图 1－14　水洗唛

一、使用说明的几种形式

GB 5296.4—2012《消费品使用说明　第 4 部分：纺织

品和服装》规定了服装使用说明的一般要求，具体形式如下：

（1）直接印刷或织造在产品上；

（2）固定在产品上的耐久性标签（耐久性标签为永久附着在产品上，并能在产品的使用过程中保持清晰易读的标签）；

（3）悬挂在产品上的标签（如图 1 - 13 所示）；

（4）悬挂、粘贴或固定在产品包装上的标签；

（5）直接印刷在产品包装上；

（6）随同产品提供的资料等。

二、使用说明的内容

使用说明可以使用一种或多种形式，当采用多种形式时，应保证内容的一致性。该标准中规定，使用说明包括以下内容：

（1）制造者的名称和地址；

（2）产品名称；

（3）产品号型或规格；

（4）纤维成分及含量；

（5）维护方法；

（6）执行的产品标准；

（7）安全类别；

（8）使用和贮藏注意事项（有贮藏要求的需要标明）。

对照 GB 5296.4—2012《消费品使用说明　第 4 部分：纺织品和服装》规定的说明内容，我们来解释一下图 1 - 13 吊牌上的信息。吊牌图 1 - 13 上，未见制造者的名称和地址（可能印刷在吊牌的反面）；产品名称为“工艺洗水牛仔裤”，产品号型为“140/60”；纤维成分及含量为“棉 99%，氨纶 1%”；维护方法为 ；执行的产品标准为“FZ/T 81006—2007”；安全类别为“B”类。通常情况下，(1)～(7) 项内容齐全的标签为规范标签。

GB 5296.4—2012 规定耐久性标签应包括：号型或规格、纤维成分及含量和维护方法，其余的内容宜采用耐久性标签以外的形式。图 1-14 中耐久性标签含有纤维成分及含量和维护方法，缺少号型或规格。

看到这里，家长们可能有些不明白，什么是号型，维护方法中的各个符号分别表示什么意思，安全类别是什么。下面向大家简要介绍一下。

三、儿童服装号型

号（height）：表示人体的身高，以厘米为单位表示，是设计和选购服装长短的依据。型（girth）：表示人体的胸围或腰围，以厘米为单位表示，是设计和选购服装肥瘦的依据。

儿童服装的上、下装分别标明号型，如图 1-13 中号型为“140/60”，表示该条牛仔裤适合身高 140cm、腰围 60cm 的儿童；号型为“135/60”的上衣，表示该上衣适合身高 135cm、胸围 60cm 的儿童。家长们可以根据服装的号型结合孩子实际的身高、胸围和臀围来选择适合自己孩子的服装。

四、儿童服装依据号型可分为 3 个系列

7·4 和 7·3 系列：身高 52cm～80cm，身高以 7cm 分档，胸围以 4cm 分档，腰围以 3cm 分档。

表 1-1　身高 52cm～80cm 婴儿上装号型系列

单位：cm

号	型		
52	40		
59	40	44	
66	40	44	48
73		44	48
80			48

表 1-2　身高 52cm～80cm 婴儿下装号型系列

单位：cm

号	型		
52	41		
59	41	44	
66	41	44	47
73		44	47
80			47

10·4 和 10·3 系列：身高 80cm～130cm，身高以 10cm 分档，胸围以 4cm 分档，腰围以 3cm 分档。

表 1-3　身高 80cm～130cm 儿童上装号型系列

单位：cm

号	型				
80	48				
90	48	52	56		
100	48	52	56		
110		52	56		
120		52	56	60	
130			56	60	64

表 1-4　身高 80cm～130cm 儿童下装号型系列

单位：cm

号	型				
80	47				
90	47	50	53		
100	47	50	53		
110		50	53		
120		50	53	56	
130			53	56	59

5·4 和 5·3 系列：身高以 135cm～155cm 女童，135cm～160cm 男童，身高以 5cm 分档，胸围以 4cm 分档，腰围以 3cm 分档。

表 1-5　身高 135cm～160cm 男童上装号型系列

单位：cm

号	型					
135	60	64	68			
140	60	64	68			
145		64	68	72		
150		64	68	72		
155			68	72	76	
160				72	76	80

表 1-6　身高 135cm～160cm 男童下装号型系列

单位：cm

号	型					
135	54	57	60			
140	54	57	60			
145		57	60	63		

续表

号	型					
150		57	60	63		
155			60	63	66	
160				63	66	69

表 1-7　身高 135cm～155cm 女童上装号型系列

单位：cm

号	型					
135	56	60	64			
140		60	64			
145			64	68		
150			64	68	72	
155				68	72	76

表 1-8　身高 135cm～155cm 女童下装号型系列

单位：cm

号	型					
135	49	52	55			
140		52	55			
145			55	58		
150			55	58	61	
155				58	61	64

五、维护方法

洗涤图标符号的排列顺序如下：水洗、漂白、干燥、熨烫、专业维护。婴幼儿服装上必须标注“不可干洗”，即有图标⊗。因为儿童体质娇弱，干洗后衣服上残留的干洗剂，对儿童健康产生不利影响。

各图标和含义见表1-9～表1-14。

表1-9 水洗图标及含义

水洗图标	代表含义
30	最高水温30℃，常规洗涤
30	最高水温30℃，缓和程序洗涤
30	最高水温30℃，非常缓和程序洗涤
40	最高水温40℃，常规洗涤
40	最高水温40℃，缓和程序洗涤
	小心手洗40℃，或（手洗，不可机洗）
	不可水洗

表1-10 漂白图标及含义

漂白图标	代表含义
	不可漂白
	允许使用任何氯漂剂
	仅允许氧漂/非氯漂

表 1-11　干燥图标及含义

干燥图标	代表含义
	悬挂晾干
	悬挂滴干
	平摊晾干
	平摊滴干
	在阴凉处悬挂晾干
	在阴凉处平摊晾干
	可使用转笼翻转干燥，排气口最高温度 60℃
	可使用转笼翻转干燥，排气口最高温度 80℃
	不可转笼翻转干燥

表 1-12　熨烫图标及含义

熨烫图标	代表含义
	最高温度 110℃熨烫
	最高温度 150℃熨烫
	最高温度 200℃熨烫
	不可熨烫

表 1-13　专业维护图标及含义

专业维护图标	代 表 含 义
Ⓟ	常规干洗
Ⓟ（下加横线）	缓和干洗
⊗	不可干洗
Ⓦ	专业常规湿洗

六、安全类别

GB 18401—2010《国家纺织产品基本安全技术规范》提出了产品分类、纺织品必须满足的几个指标及一些其他内容。

该标准中将纺织品分为以下 3 类，当为婴幼儿纺织品时必须注明“婴幼儿用品”字样：

A 类：婴幼儿用品；

B 类：直接接触皮肤的产品；

C 类：非直接接触皮肤的产品。

各项考核指标见表 1-14：

表 1-14　GB 18401—2010 考核指标

项　目		A类	B类	C类
甲醛含量/(mg/kg)　≤		20	75	300
pH		4.0～7.5	4.0～8.5	4.0～9.0
染色牢度/级　≥	耐水（变色、沾色）	3～4	3	3
	耐酸汗渍（变色、沾色）	3～4	3	3
	耐碱汗渍（变色、沾色）	3～4	3	3
	耐干摩擦	4	3	3
	耐唾液（变色、沾色）	4	—	—
异味		无		
可分解致癌芳香胺染料/(mg/kg)		禁用		

其中的甲醛、pH、可分解致癌芳香胺染料为生态安全指标，色牢度反应的是服装在穿着或洗涤时的沾色或掉色情况。“—”表示“不考核”。

表 1-14 相关名词解释：

甲醛：是一种无色、有强烈刺激性气味的气体。易溶于水、醇和醚。甲醛在常温下是气态，通常以水溶液形式出现。服装的面料生产，为了达到防皱、防缩等作用，或为了保持印花、染色的耐久性，或为了改善手感，常常在助剂中添加甲醛。

甲醛的主要危害表现为对皮肤粘膜的刺激作用。可引起眼睛红肿、刺痒、咽喉不适或疼痛，造成声音沙哑、打喷嚏，引起胸闷、气喘、皮炎等。长期、低浓度接触甲醛会引起头痛、头晕、乏力、免疫力降低，出现瞌睡、记忆力减退或神经衰弱等症状。

pH：是表示溶液酸性或碱性程度的数值，通常 pH 是一个介于 0 和 14 之间的数值，当 pH<7 的时候，溶液呈酸性，当 pH>7 的时候，溶液呈碱性，当 pH＝7 的时候，溶液呈中性。

pH 不合格主要是面料生产企业在染色整理加工过程中使用了大量酸碱性物质，又没有采取合理的中和处理工艺，从而造成产品的 pH 超标。pH 超标会刺激皮肤，导致病菌入侵，给人体健康带来不利影响。

可分解致癌芳香胺染料：是指由可致癌芳香胺合成的染料，即人们常说的“禁用偶氮染料”。其主要来自于服装中的染料，该染料之所以被很多中小纺织服装生产企业应用于服装上，主要基于两个原因：

1）价格因素：替代这种染料的绿色环保染料多为进口货，价格要贵 3～4 倍。

2）来源因素：偶氮染料制造简单、价格低廉，色种齐全，着色力强，颜色鲜亮持久，色牢度高。

对于纺织品安全方面的指标，可分解芳香胺的毒性和致癌性远强于甲醛。因为甲醛有刺激性气味，易分辨，而且易溶于水，消费者买回纺织品后，一般用清水充分漂洗就可去除大部分甲醛；但可分解芳香胺染料用于衣服后，不但不溶于水，而且无色无味，从纺织品外观上无法分辨，只有通过技术检验才能发现，而且无法消除。

禁用偶氮染料在一定条件下，可分解还原出具有致癌性的 20 多种芳香胺类，这种染料在与人体长期接触的过程中，其有害成分被皮肤吸收，并在人体内扩散，然后与人体正常

新陈代谢过程中释放的物质混合起来，发生还原反应，形成致癌芳香胺化合物，经过活化作用而改变人体的DNA结构，引起病变和诱发恶性肿瘤，导致膀胱癌、输尿管癌、肾盂癌等恶性疾病。除了伤害人体健康之外，在生产“禁用偶氮染料”的过程中还会大量排污，由此造成严重的环境污染。

第二章　儿童服装安全指标及可能造成的危害

童装的安全性是指童装中不能存在对儿童造成伤害的潜在危险，这里的伤害包括机械性伤害和化学性的伤害，因此相对应的安全性也分为机械安全性和化学安全性。本章主要介绍儿童服装机械安全性和化学安全性，及安全指标不合格时可能导致的危害。

第一节　机械安全性

儿童服装的机械安全性主要体现在由于设计、生产工艺的不合理，导致服装存在安全隐患，造成伤害。主要是指儿童服装上的绳带或者小部件存在对儿童造成潜在危险的问题，比如常见的有：儿童上衣的绳带过长会勒住儿童的脖子产生窒息，上衣下摆处的拉带若被勾住会导致拖曳，婴幼儿服装上的小部件如纽扣脱落会造成婴幼儿吞咽的危险，儿童服装上若有尖锐的部件会划伤儿童等。

一、标准对儿童服装组成部分的要求

GB/T 22704—2008《提高机械安全性的儿童服装设计和生产实施规范》对儿童服装采用的面料及部件作如下要求：

1. 面料

作为服装的组成部分，面料不应对穿着者产生机械性危险或危害。用于支撑缝合部件（如纽扣）的面料在低拉力下不应被撕破，应在部件缝合处用加固材料。

2. 填充材料

用于衬里或絮料的填充材料不得含有硬或尖的物体。

3. 线

童装制作中不应使用单丝缝纫线。在低拉力下，缝合部件（如纽扣）的缝纫线不应被拉断，见图 2-1。

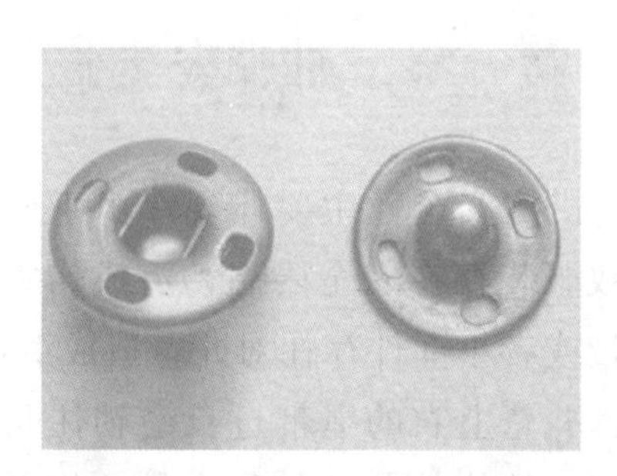

图 2-1　按扣

4. 不可拆分部件

不可拆分部件包括：纽扣、其他部件。童装的纽扣应进行强度测试，避免两个或两个以上刚硬部分构成的纽扣在受外力时发生分离或脱离服装；纽扣边缘不允许尖锐，防止出现危险；不允许与食物颜色或外形相似的纽扣用于童装。其他部件要求 3 岁及 3 岁以下童装不应使用绒球。花边、图案和标签不能只用胶黏剂粘贴在服装上，应保证经多次清洗后不脱落，见图 2－2。

图 2－2　花边图案需缝制

5. 拉链

拉链应遵循 QB/T 2171、QB/T 2172、QB/T 2173 标准的要求。塑料拉链可减轻夹住事故的伤害程度，见图 2－3。

图 2－3　裤子拉链

6. 松紧带

松紧带的使用应避免给服装穿着者带来伤害，见图 2 - 4。

图 2 - 4　带松紧带的短裤

二、不符合要求的服装组成部分

不符合要求的服装组成部分，对儿童会造成以下危害：

1. 面料强力不符合要求

当童装的面料在较低外力下出现撕破时，破口处的纱线逐渐脱落，由于儿童皮肤细嫩，松散的纱线在穿着过程中，反复摩擦皮肤会对儿童皮肤产生割伤；另外，面料破损，皮肤外露，对遇外部力的攻击时缺少抵御屏障，更容易受到伤害。

2. 填充材料不符合要求

当服装的填充材料中含有尖或硬的物体时，一方面会将服装面料顶破，损坏服装的质量；另一方面，从服装中伸出的尖或硬的物体，在儿童穿着过程中，可能划破皮肤，造成伤害。

3. 线强力不符合要求

当童装中使用单丝强力线时，强力低，当受到外界拉力时，会断裂，影响服装外观，儿童皮肤露在外面，容易受伤。尤其缝制纽扣或其他部件时，缝纫线强力的低下，当受外界拉力时，纱线容易断裂，纽扣等附件容易脱落，容易被儿童放入口中，引起窒息危险。

4. 不可拆分部件

不可拆部件，如纽扣等，要固定牢固，避免在受外力时发生分离或脱离服装；纽扣边缘如果尖锐，会划伤儿童的皮肤；如果使用与食物颜色或外形相似的纽扣，辨别能力不高的儿童会误认为是食物，存在误食的风险。三岁及三岁以下童装如果使用绒球，绒毛或散纤维容易脱落，吸入气管，影响儿童健康。

5. 拉链

服装底摆处拉链头不能超出底摆，防止夹住或卡在缝隙中，进而拉倒儿童，造成伤害。

6. 松紧带

袖口、裤腿口处的松紧带过紧或过硬会阻碍儿童手或脚部的血液循环，特别是在婴儿服中需要注意。

现在的童装为了与众不同，经常设计用各种材质的小物件来装饰服装，卡通纽扣、流苏、绒球等，一旦这些小装饰品缝制不牢固，很容易被小孩子拽下来，放进嘴里、鼻子、

耳朵，造成窒息；有些尖锐的物体或是亮片很容易刺伤、划伤孩子的皮肤；带有拉链的男裤易造成儿童生殖器官被拉链齿夹住等，见图 2-5。

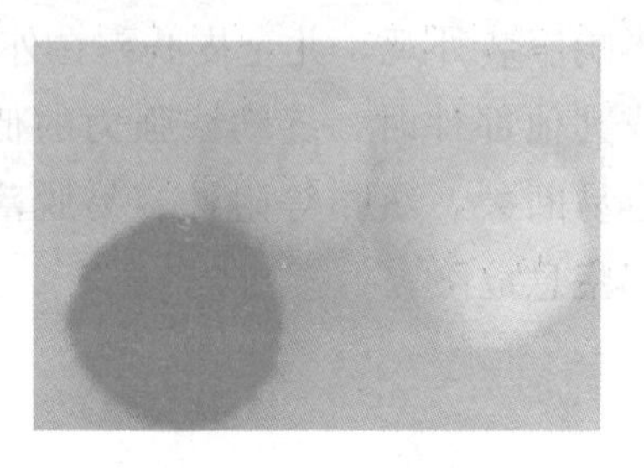

图 2-5　绒球

西方发达国家已经对小物件的使用有非常严格的规定。尤其是童装上的纽扣、拉链、绒球和流苏，面料类装饰物、橡胶或软塑料装饰、亮片等部件，细致地规定了其脱离强力、尺寸和锐利边缘等。美国标准《危险物品管理和实施规定》还提出，服装上一些易被儿童吞咽的小物件需经过咬诊法测试，金属饰品或金属线需经过挠曲试验测试，服装上易被儿童用手齿抓下来的突出部件须经过扭力试验和拉伸试验测试。

相对于欧美发达国家，我国对童装小物件的要求还不是很完善。不过，随着社会对童装安全的关注，我国在标准制定的过程中也做出了一定的改进。例如，在 FZ/T 81014—2008《婴幼儿服装》的外观要求中规定钮扣、装饰扣、拉链及金属附件应无毛刺，无可触及性锐利边缘，无可触及性锐利尖端及其他残疵，且洗涤和熨烫后不变形、不变色、不生锈，拉链的拉头不可脱卸；内在质量中，规定了钮扣等不可拆卸附件的拉力不脱落，衣带缝纫强力≥70N 等。

三、绳带安全设计要求

目前，基于童装拉带绳索机械安全性的相关标准主要有三项：GB/T 22705—2008《童装绳索和拉带安全要求》、GB/T 22702—2008《儿童上衣拉带安全规格》和 GB/T 22704—2008《提高机械安全性的儿童服装设计和生产实施规范》。三项国家标准都是引用国外先进标准制定的，旨在促进国内服装企业对国外先进标准技术的借鉴和学习。国标规定，14 岁以下儿童上衣拉带的安全规格，按服装部位划分为风帽和颈部、腰部及下摆处和其他部位，分别对拉带规格做出要求。见图 2-6。

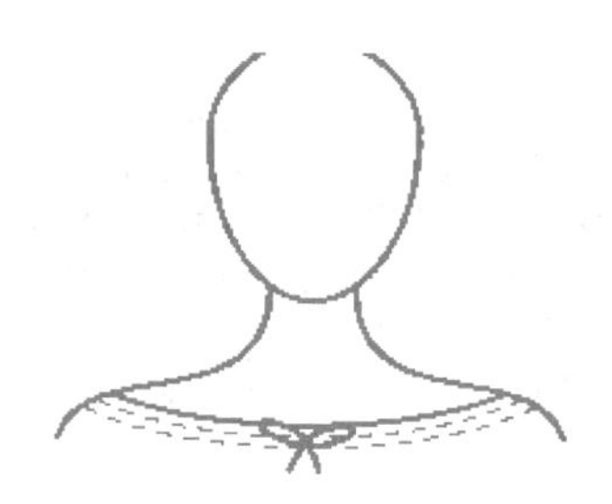

图 2-6　领口不允许使用绳带

此外，我国行业标准 FZ/T 81014—2008《婴幼儿服装》对婴幼儿服装规定，领口和帽边不允许使用绳带，成品上的绳带外露长度不得超过 14cm。SN/T 1932.8—2008《进出口服装检验规程　第 8 部分：儿童服装》和 GB/T 23158—2008《进出口婴幼儿睡袋安全要求及测试方法》等标准对童装拉带绳索也有要求，但在技术指标上基本都保持一致。

标准 GB/T 22705—2008 和 GB/T 23155—2008 对儿童服装绳带要求见表 2-1。

表 2-1 儿童服装绳带要求

要求	图示	要求	图示
1. 套环只能用于无自由端的拉带和装饰性绳索		2. 在两出口点中间处应固定拉带，可运用套结等方法	
3. 长至脚踝的服装上拉链头不应超出服装底边	正确 错误	4. 儿童三角背心的颈部系带在风帽和颈部区域应扣牢，不应呈松散、自由状态	错误 错误 正确
5. 大童和青少年服装的风帽和颈部拉带不允许有自由端。当服装放平摊开至最大宽度时不应有突出的带绊	错误 正确	6. 长至臀围线以下的服装，其底边处的拉带绳索（包括套环等部件）不应超出服装下边缘	错误
7. 服装底边的可调节搭袢不应超出服装的下边缘		8. 儿童服装背部拉带、绳索不允许从童装背部伸出或系着；允许使用打结腰带和装饰腰带	错误
9. 在肘关节以下长袖上的拉带、绳索，袖口扣紧时应完全置于服装内	错误 正确	10. 在袖子上的可调节搭袢，不应超出袖子底边	

儿童服装上的拉绳、功能绳和装饰绳所引发的儿童安全事故主要有两类：一类是在游乐场玩儿童滑梯时，被帽子或领子上的绳子勒伤、勒死；另一类是在移动交通工具上，儿童夹克衫和运动衫下摆处的拉绳被车门和自行车等挂住，导致儿童严重受伤甚至死亡。因此，家长们在为孩子购买衣服时，要对儿童服装的机械性安全足够重视。

第二节　化学安全性

服装面料、辅料的化学物质含量，直接影响着儿童的健康。尤其是婴幼儿最初用嘴巴探知其感兴趣的东西，无论是食物还是衣服，或者其他。美国对纺织服装中有害化学物质的检验项目主要有：禁用偶氮燃料、甲醛、重金属含量、五氯苯酚（PCP）、四氯苯酚（TeCP）、镍释放等。CPSC 最新发布的儿童用品铅含量规定：从 2011 年 8 月 14 日起，美国市场上制造销售的儿童产品铅含量必须符合 100×10^{-6} 的限量规定。欧盟生态纺织品标准 Oeko－TexStandard 100 中，详细规定了纺织品中各类有毒有害物质的限量要求；欧盟法规中还对服饰中一些饰件及装饰带中的镍及其化合物予以限定，要求直接或长期与皮肤接触的金属制品，镍释放量低于 $0.5\mu g/(cm^2\cdot$周)（模拟两年的穿戴时间）。

相对于美国和欧盟，我国纺织品强制性标准 GB 18401—2010 中只对纺织品甲醛含量、pH、异味、可分解致癌芳香胺染料等做出了明确的规定。

一、强制性标准 GB 18401 中的安全指标

1. 甲醛含量

甲醛是原浆毒物，能与蛋白质结合。吸入高浓度甲醛后，会出现呼吸道的严重刺激和水肿、眼刺痛、头痛，也可发生支气管哮喘。长期穿着甲醛超标的童装，游离出来的甲醛可引起皮炎、色斑、坏死。经常吸入少量甲醛，能引起儿童甚至成年人慢性中毒，出现粘膜充血、皮肤刺激症、过敏性皮炎等，严重的会诱发儿童白血病或致癌。全身症状有头痛、乏力、心悸、失眠以及植物神经紊乱等。见图 2－7。

图 2－7　甲醛造成的皮肤过敏

2. pH

人体健康的皮肤 pH 成弱酸性，即处于 5.0～5.6 之间，如果纺织品的 pH 为碱性，那么与身体接触后就会破坏皮肤表面的 pH，导致皮肤健康受到影响，皮肤失去保护功能后，细菌就容易进入身体。

3. 异味

以嗅觉来判断纺织品是否合格是国际通行惯例。专业的检测机构会在纺织品服装开封后，立即在专门的密闭房间内进行气味的检测。如检测出有霉味、高沸程石油味（如汽油）、煤油味、鱼腥味、芳香烃气味中的一种或几种，则判为“有异味”。对于有异味的纺织品将不得生产、销售和进出口。气味过重，表明纺织品上有过量的化学品残留，因为婴幼儿的皮肤、眼睛、呼吸道粘膜都非常娇嫩，有害物质会剧烈刺激婴幼儿的眼睛、皮肤和黏膜，造成伤害。

4. 禁用偶氮染料

一般情况下偶氮染料本身不会对人体产生有害影响，但部分用致癌性的芳香胺类中间体合成的偶氮染料，当其与人体皮肤长期接触之后，会与人体正常新陈代谢过程中释放的物质结合，重新生成致癌的芳香类化合物，这些化合物被人体再次吸收，经过活化作用，使人体细胞发生结构与功能的改变，从而转变成人体病变诱发因素，而增加了致癌的可能性。

5. 色牢度

色牢度（color fastness）又称染色牢度、染色坚牢度。是指纺织品的颜色对在加工和使用过程中各种作用的抵抗力。根据试样的变色程度和未染色贴衬织物的沾色程度来评定牢度等级。通常等级越高染料与面料的结合越坚牢，抵抗各种外力作用能力越好，颜色越稳定、越持久。强制性标准GB 18401中色牢度项目包括耐水色牢度、耐汗渍色牢度、耐干摩擦色牢度。此外婴幼儿服装产品还考核耐唾液色牢度。

色牢度好与差，直接影响人体的健康。色牢度差的产品

在穿着过程中，碰到雨水、汗水、日光照射等环境条件，就会造成面料上的颜料脱落褪色，其中染料的分子和重金属离子等都有可能通过皮肤被人体吸收而危害人体的健康。另一方面可能使穿在身上的其他服装沾色，与其他衣物一起洗涤时将其他衣物染色。

二、其他不在强制标准 GB 18401 中标里面的有毒有害物质

1. 可萃取重金属

服装中可能包含的可萃取重金属有：锑（Sb）、砷（As）、铅（Pb）、镉（Cd）、汞（Hg）、铜（Cu）、六价铬（Cr）、钴（Co）、镍（Ni）。重金属的来源有：染料中存在的重金属，天然纤维在种植过程中可能从土壤及空气中吸收的重金属，在纺织产品加工过程中带入的某些重金属。重金属一旦被人体吸收，便会累积在人体的肝、肾、骨骼、心及脑中。这种累积达到某种程度即会对人体健康造成严重的损害，如汞会影响人的神经系统。由于儿童相对体重较轻而且在生长发育阶段，所以重金属对儿童的损害更为严重。镍通常存在于服装的金属合金辅料中，如钮扣、拉链、铆钉等。某些人对镍过敏，这些含镍辅料如果与身体长期接触将引起严重的皮肤刺激。见图 2-8。

2. 塑化剂

塑化剂是工业上广泛使用的高分子材料助剂，在儿童服装中也常会使用到塑化剂，如涂料印花、塑料配件、饰物等。

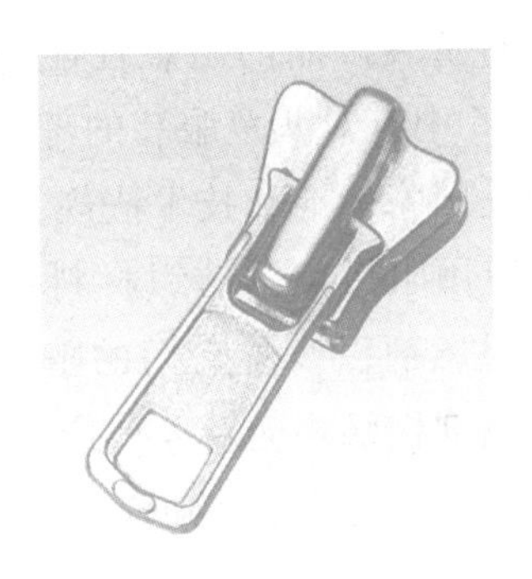

图 2-8　拉链头

婴幼儿可能通过咀嚼、吸吮直接吸入塑化剂。邻苯二甲酸酯类是最常用的塑化剂，用于软化 PVC。软质 PVC 由于其极好的柔顺性和实用性而被广泛采用。但有研究表明软质 PVC 在模拟试验条件下可能释放出相当量的邻苯二甲酸酯，这种物质在自然界分解所需要的时间长达数年，对儿童具有潜在的危害，长期接触塑化剂，会导致性早熟，不育症，甚至癌症，尤其是对三岁以下的儿童。

3. 阻燃性能

美国早在 1953 年就通过了《易燃织物法案》(FFA)，规定所有进入美国市场销售的相关纺织品服装都必须达到其规定的阻燃性能要求，其中两个子法规 US CPSC 16 CFR Part 1615《儿童睡衣的可燃性标准（0～6X 号）》及 US CPSC 16 CFR Part 1616《儿童睡衣的可燃性标准（7～14 号）》，详细规定了适用于标准的定义和相关考核要求等，并引用了易燃织物法案中的有关定义。该法规对婴儿和儿童睡衣作出了严格的要求，其适用于儿童睡衣，例如便装、宽松睡衣和长袍

等等。而我国国内对童装产品的阻燃性能考核尚属空白，只有 SN/T 1522—2005 中有对儿童服装的考核要求，而在婴幼儿服装方面暂无相关国家标准和技术法规。

另外，需慎重使用阻燃剂。纺织材料中常常会以涂层形式或化学方式加入阻燃剂以改善它们的阻燃性能。但是长期与这些高剂量的阻燃剂接触将会对人体产生十分不利的影响，如免疫系统的恶化、甲状腺功能减退、记忆力丧失和关节强直等。

4. 羽绒微生物

随着 H7N9 在国内疫情的影响，近年各种人畜共患病例不断出现，家禽卫生安全问题越来越受到人们的重视。羽绒羽毛作为一种动物源性产品，其中存在的有害微生物，特别是能够引起人畜共患传染病的微生物含量是否超标也是判定羽毛绒是否合格的重要指标之一。

我国羽绒国家标准《羽绒羽毛检验方法》(GB/T 10288)中规定：当耗氧指数超过 10mg/100g 时需进行微生物四种细菌的检测，即嗜温性需氧菌、粪链球菌、亚硫酸还原梭状芽孢杆菌和沙门氏菌。那是不是使用抗菌羽绒制品就能最大限度地避免儿童受到侵害吗？答案是否定的。抗菌制品制作过程中所添加的抗菌剂其实也是一种有害化学物质，含量的多少也直接影响孩子的健康。

5. 荧光增白剂

荧光增白剂是一种荧光染料，它的特性是能激发入射光线产生荧光，使所染物质获得类似荧石的闪闪发光的效应，使肉眼看到的物质很白，达到增白的效果。

那么荧光增白剂对人体有什么危害呢？科学实验表明，荧光剂被人体吸收后，不会像一般的化学成分容易被分解。万一穿着者身上有伤口，它会与人体中的蛋白质相结合，阻碍伤口的愈合，并且除去它非常不易，只有通过肝脏的酵素分解，这无疑的加重了肝脏的负担。据医学临床实验证实，荧光物质可以使细胞产生变异性，变异荧光物质可以接收可见光比紫外线波长更短的电磁波或放射线，再将这些能量转为波长较长的可见光。这样，如果对荧光剂接触过量，可能有潜在的致癌因素。虽然目前没有证明荧光剂吸收多少会对人体造成伤害，但是荧光剂已经被列为潜在致癌因素之一。

6. 有机锡化合物 TBT&DBT

三丁基锡（TBT）是一种用于抗微生物整理的有机锡化合物。在服装加工过程中，它用于防止汗液的微生物分解及因此产生的鞋袜、运动服上散发出难闻的气味。

二丁基锡（DBT）是另一种应用相当广泛的有机锡化合物，可作为聚氯乙烯稳定剂的中间体、电镀及多种聚氨酯制造中的催化剂。

高浓度的有机锡化合物被认为是有毒的。这些物质能透过皮肤被人体吸收并对人的神经系统造成影响。

7. 五氯苯酚（PCP）和 2，3，5，6 四氯苯酚（TeCP）

为了防止由霉菌引起的霉斑，含氯酚如 PCP 常直接用于纺织品、皮革和木材。PCP 和 TeCP 是很强的毒性物质，并被认为是一种致癌物质。它们的化学稳定性很高而不易分解，

从而对人体和环境造成持续性危害。

8. 杀虫剂和除草剂残留物

杀虫剂用于天然植物纤维如棉花的种植过程中，以防病虫害和贮存中发生虫蛀。除草剂是用于除去杂草和落叶的化学品。它们可能被纤维吸收并残留在最终产品中，尽管它们中的绝大部分在加工处理过程中会被除去。这些杀虫剂或除草剂的残留物对人体的毒性强弱不一，有时很容易透过皮肤被人体所吸收，高丙体六六六（林丹）就是一种可能诱发癌症的杀虫剂。

第三章　儿童服装穿着过程中的注意事项

儿童在成年人环境中出生和成长，缺乏经验和对危险的了解，但有与生俱来的好奇心，站立的婴儿和学步儿童可能缠上绳索、带或窗帘，当他们坐下或跌落时，绳索可能绕颈部缠紧，发生勒死事故。爬行的婴儿可能将衣服卡在家具或突出部位，如果他们不能自己摆脱，则可能悬空，发生危险。儿童精力充沛，活泼、好动，为保证他们活动过程中的穿衣安全，您知道应该注意什么吗？本章主要介绍儿童服装在穿着过程中的注意事项。

第一节　关注外观质量特性

儿童服装色彩多样，款式多样，起装饰作用的附属品繁多，在穿着过程中，家长们要注意其潜在危险。

服装外观特性可能引发以下的潜在危险：

1. 划伤危险

儿童服装上如果包含尖锐物体会对儿童产生刺伤、划伤或更严重的伤害。纽扣、拉链或装饰物上的尖锐边缘、穿着后整理过程中部件磨损产生的尖锐边缘都会对儿童造成伤害。

服装生产、包装过程中使用的针、钉和其他尖锐物体，如果残留在服装中，也会给儿童带来严重伤害。对于起联结、装饰、说明作用的部件，如：绳带、水洗唛、商标和标志，其他附着物，如：花边、珠子、缀片等，要注意其粗糙部分，避免在穿着过程中划伤儿童皮肤。因此，在穿着前要检查儿童服装是否含有尖锐物体，穿后要检查孩子身体是否有划伤痕迹，及时拆除影响安全的部件，避免划伤。见图 3－1。

图 3－1　带亮片的儿童服装

2. 吞噬危险

儿童，特别是 3 岁以下的儿童有爱把小物体放到嘴里的特点，在服装穿着过程中，家长要尤其注意，避免儿童吞噬服装小部件引起窒息。家长们要严格按照服装上的附件相关警示语“儿童服装穿着之前除去的附件”要求，在穿着前除去相关附件，同时关注各部件由于面料破损、缝线损坏等原因，从服装上脱落，避免附件脱落对儿童造成不必要的伤害。见图 3－2。

图 3-2　避免吞噬危险

3. 服装绳带引发危险

儿童好动，喜欢爬上爬下，钻狭小的缝隙，因此上衣脖子处绳带不宜过长，如果过长要剪短，以免在运动过程中发生打结，引起窒息等危险情况。裤子脚踝处绳带不应凸出裤边，避免走路或跑跳时踩住，造成重心不稳而跌到。其他部位的绳带也不应过长，避免卡在门缝、设施中，发生危险。胸部、腰部及其他部位过长的绳带在儿童玩耍过程中可能因意外的勾挂，在游乐场玩耍时被同伴意外的拉扯，造成对儿童的身体伤害。如服装背部过长的蝴蝶结被家里的门把手勾住，或在下公共汽车时被车门夹住，或在与同伴游戏时被拉扯而摔倒等，都有可能对儿童造成伤害。见图 3-3。

图 3－3　帽子上的绳索卡住滑梯

4. 局部缺血性伤害

在人体足部或手部，松散、未修剪的绳线会包覆手指或脚趾，阻碍血液循环，产生局部缺血性伤害，这种危害短时间内不易察觉。标准 GB/T 22704—2008 中规定 12 个月以下（身高 75cm 及以下）儿童服装，在手或脚处不应有松线和长度超过 1cm 的未修剪的浮线。因此家长们如果发现儿童服装手或脚处有浮线，要及时减掉，消除安全隐患。此外，家长们要关注儿童服装的袖口、腿口的松紧带太紧或太硬都会阻碍足部或手部血液循环，如果出现勒红印记，一定要及时更换宽松衣物，避免影响孩子身体健康。

5. 拉链引起的夹持危险

带有拉链的男裤易造成儿童生殖器被拉链齿夹住危险。标准 GB/T 22704—2008 中规定 5 岁及 5 岁以下（身高 100cm 以下）以下男童服装的门襟区域不得使用功能性拉链。男童裤装拉链式门襟应设计至少 2cm 宽的内盖，覆盖拉链开口，沿门襟底部将拉链开口缝住。因此家长们在给孩子穿带有拉链的裤子时，要尤其注意。

6. 视力、听力受限

带有风帽和某些种类头套的服装会影响到儿童视力和听力，增加儿童发生事故的可能性，特别是操场事故、交通事故，因此家长们要慎重选择此类服装。

7. 窒息危险

童装引起的窒息事件较少，但风帽材料不透气可能导致窒息，3 岁及 3 岁及以下儿童带有风帽的睡衣也可能导致窒息。因此 3 岁和 3 岁以下（身高 90cm 及以下）儿童的睡衣不允许带风帽。5 岁（身高 100cm 以下）以下儿童服装不允许使用与成年人领带类似的领带。儿童领带应设计为易脱卸，防止缠绕，可在领圈上使用粘扣带和夹子。见图 3－4。

图 3－4　带领带的儿童服装

8. 哽塞危险

带有絮料或泡沫的服装，家长们要注意其填充料不得被儿童获取，防止放入口中或吸入鼻腔，保证安全可靠。应确保包覆填充材料的缝线牢固，防止穿着时缝线断、脱。

9. 绊倒和摔倒

大多数家长们在为孩子选择服装时考虑到孩子成长快，如果买合体的服装，过 1～2 月就会变小，穿的时间短，因此购买服装时往往选择大、宽松的。宽松的款式虽然穿起来不会束缚孩子的运动，但观察活动中的小朋友，裤子太宽松容易往下掉，易绊倒孩子。儿童好动，活动量大，而且主要集中在下肢，经常奔跑，两腿迈开的角度也大，因此合体的童裤非常重要。

10. 滑倒

儿童室内活动时穿着连脚服装时，如果地板滑，或有水渍很容易滑倒，为了增强防滑性，可以选择在服装脚底面料粘合摩擦面，同时家长们要在其左右进行监护，防止儿童滑倒、摔倒。见图 3－5。

图 3－5　小心摔倒

第二节　关注内在质量安全

家长们在给孩子睡前脱衣或换衣服时，有时会发现孩子身上有红点、红肿、或者孩子经常会抓挠身体，刺痒感强烈，如果排除孩子自身体质出现问题外，那么这是儿童服装内在质量隐患敲响的警钟，这时家长们要引起注意了，您为孩子选的服装已经引起孩子身体不适了，要提高警惕、及时更换安全服装。

服装内在质量安全不合格可能引发以下危害。

1. 皮肤过敏和湿疹

儿童植物神经容易兴奋，加上平时好动的特性，容易出汗，特别是夏天，天气炎热就更易出汗了。如果汗水不能够被及时吸附，附着在皮肤上，易导致微生物繁殖和产生腐败、发酵，又因为儿童皮肤细嫩，容易出现不良反应，从而诱发过敏和湿疹。此时家长们不应选择合成纤维（俗称化纤，如涤纶、尼龙等）布料做内衣，因为合成纤维面料虽然很薄，但透气性弱、吸水性差、不易散热，汗水不能马上蒸发掉，与合成纤维生产过程中混入的微量化学成分进行混合，对儿童皮肤刺激性非常大，会使儿童感到不舒适，容易生痱子，患疮、疖等，甚至诱发过敏性哮喘、荨麻疹、皮炎等疾病。因此要选择透气、散热、吸湿强的全棉柔软面料做内衣。家长们要特别注意的是，在衣柜中放置一冬天的夏装在穿之前，要放到阳光充足且通风处进行充分晾晒后再穿，因为因存放而滋生的细菌，会导致儿童出现湿疹、痱子、虫咬性皮炎等

皮肤问题。见图 3-6。

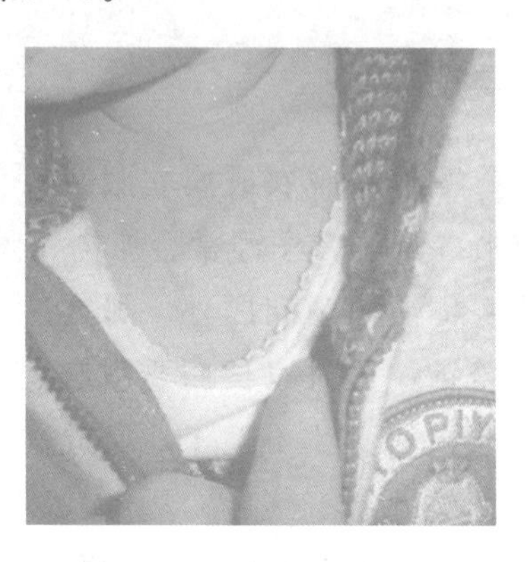

图 3-6　皮肤过敏

2. 甲醛引起的头晕、呼吸道炎症

服装面料生产过程中，为达到防皱、防缩等效果，或为了保持印花、染色的耐久性或为了改善手感，就会在助剂中添加甲醛。当服装中残留的甲醛未被处理干净，制成服装后，甲醛会在穿着服装过程中被逐渐释放出来，与人体汗液结合或水解产生游离甲醛，对呼吸道黏膜、眼睛和皮肤产生强烈的刺激，引起头晕、呼吸道炎症和皮肤炎症，严重的会导致血液病甚至癌症。

3. pH 不合格引发的皮炎

皮肤是人体最大的一个器官，分泌的汗腺和皮脂形成的一层皮膜附在皮肤上，对皮肤有很好的保护作用，既能防止细菌侵入，又能防止皮肤干燥，并赋予皮肤弹性。正常情况下，人体的皮肤 pH 应在 5.5～7.0 之间，略呈酸性，可以保护人体免遭病菌感染。如果服装 pH 偏高或偏低，将直接破坏人体皮肤的平衡机理，减弱皮肤抵御病菌侵入的能力，可能造成皮肤过敏、瘙痒、红肿等反应，甚至引发刺激性皮炎、接触性皮炎等。

针对上述由于服装中甲醛和 pH 不合格引发的危害，家长们可以在正规童装经营店内购买经过检测合格的产品，同时在给儿童穿着前用清水充分浸泡、漂洗，这样可以降低上述危害发生的可能性。

4. 静电危害

在干燥环境下，儿童活动时身体与服装摩擦，服装面料之间的相互摩擦易产生静电。静电压高到一定程度时，会产生静电火花，并有电击感，会使孩子不舒适并有恐惧感，而且会加重皮肤瘙痒。此外，衣物要尽量宽松，过紧的衣物会增加与身体的摩擦，使瘙痒症状加重。居室内最好使用加湿器，可以有效改善室内的干燥环境，减少皮肤发痒的诱因。儿童进行室外活动，如滑滑梯、奔跑等，化纤衣物与滑梯间的摩擦，衣物自身间的摩擦会使儿童身上产生严重静电，当与别的小朋友接触或碰触铁质器具时，会发生放电反应，强大的电流会通过儿童的身体释放出去，对儿童本身及碰及的其他小朋友都会产生严重的刺激作用，严重时，会诱发心脏疾病。家长们可以选择纯纤维素纤维为原料的服装，如：棉、麻、粘纤面料或他们的混合面料等，这样可以降低静电的产生几率。见图 3-7。

因穿衣问题导致的儿童皮肤不适，轻则会引起皮肤瘙痒、红斑、丘疹，重则会出水疱、渗液，甚至导致进一步感染。

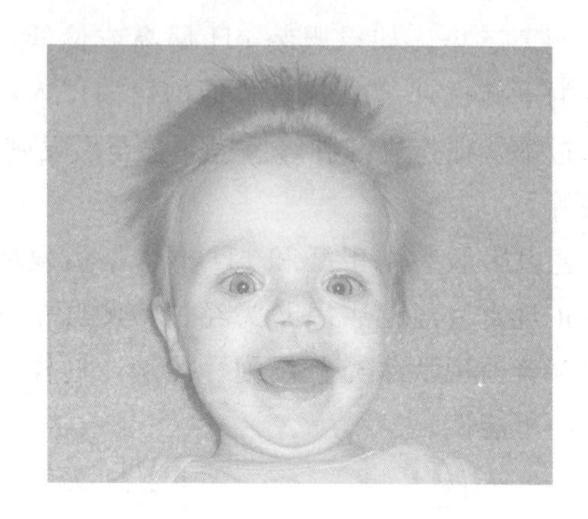

图 3－7　静电效应

当遇到这种情况时家长们要尤其注意了，不能简单地归结为“冬季皮肤瘙痒是正常”的，或者自己随便用药，结果会延误病情，不利于病情的治疗。应及时就医，向医生寻求帮助，及时进行合理的治疗，使儿童早日康复。

第四章　儿童服装选购与维护

现在很多家长在给孩子挑选服装的时候，注意力大都集中在价格、品牌、款式、面料等，容易忽视童装面料的染料是否合格，拉链绳带等设计是否合理，一些小物件是否牢固等问题。据统计数据显示，在英国，每年因为服装拉带不合理而造成的民事赔偿不低于5亿英磅；在我国，因设计问题而引发的儿童致死事件也占据了相当大的比例。

童装比成人服装要求高，既要好看，穿着又要舒服，还要有质量的保证，安全是第一位的。选购童装时应充分考虑儿童的生理特点，要体现柔软、透气、舒适、安全的四大要点。

第一节　选购童装注意事项

一、查看吊牌信息是否齐全

家长们在为儿童选购服装时，首先要参照第一章中服装产品标识规范，查看服装吊牌及永久性标签上的以下信息是否齐全：

（1）制造者的名称和地址；

（2）产品名称；

（3）产品号型或规格；

（4）纤维成分及含量；

（5）维护方法；

（6）执行的产品标准；

（7）安全类别；

（8）使用和贮藏制衣事项（有贮藏要求的需要标明）。

服装上一般必须含有上述（1）～（7）项，信息齐全形式上表明产品说明规范。此外产品的等级、制造者的联系方式和邮编也要有，生产或销售企业联系方式应详细具体。

二、检查服装外观质量是否合格

购买之前可以检查一下服装面料是否存在明显织疵，不同部位有无明显色差，是否存在开线、破洞、污渍，有粘合衬的表面部位如领子、驳头、袋盖、门襟处有无脱胶、起泡或渗胶等现象。目测童装各主要部位的缝制线路是否顺直，拼缝是否平服，童装的各对称部位是否一致。如：左右两袖长短和袖口大小，袋盖长短宽狭，袋位高低进出及省道长短等逐项进行对比。主要接缝部位如肩缝、袖窿缝、侧缝等处的缝口在受力后是否容易出现纰裂（俗称“拔缝”）。如果有印花，印花面积不能太大，太硬，色彩不宜过于绚丽。

注意童装上各种辅料、装饰物的质地和做工，如拉链是否滑爽、钮扣、四合扣是否松紧适宜，要特别注意各种钮扣或装饰件的缝合牢度，以免儿童轻易扯掉放入口中，引起窒息。

绳带长度是否过长，3岁及以下婴幼儿服装是否存在毛绒球，如果存在上述问题，建议家长们不要为孩子购买。

三、闻一下服装上的气味

特别注意新打开包装的服装中散发出的特殊气味，如霉味、汽油和煤油味、鱼腥味等，这表明服装上有过量的化学物质残留，建议这样的服装不要购买。

四、触摸服装

儿童皮肤娇嫩，容易受到伤害，购置的服装宜柔软、舒适。家长们可以用手抓握、皮肤感知，体会服装的穿着舒适度，进而选择柔软舒适的童装。

五、关注面料材质

夏季服装和贴身内衣，最好选择素色、浅色纯棉材料，吸湿透气，舒适性较好。春秋季节，天气干燥，儿童活动频繁，衣服反复摩擦，非常容易产生静电，为了避免静电给孩子带来不必要的伤害，外衣最好选择纯棉面料服装。

六、衣服是否合体

有的家长可能在为孩子选购服装时，往往选号型大些的，希望今年穿过后明年还能继续穿，但往往今年穿着大些，明年再穿又小了，导致孩子始终穿不到合体服装。此外，太松垮的衣服孩子自己也感到不美观，行动困难，容易绊倒。服装过紧，不利于血液循环，影响孩子健康成长。家长们要为孩子选购服装号型与身高、胸围、臀围适宜的服装，使孩子穿上后既舒适又精神、漂亮，增强儿童的自信心。

七、安全类别的选择

为孩子选购服装，注意选择合适的安全类别。一般 3 岁及以下婴幼儿服装为 A 类，3 岁以上儿童服装，直接接触皮肤的内衣、内裤选择 B类，非直接接触皮肤的外衣选择 C类产品。

八、购买非整理过的服装

经漂白、抗皱等整理后，残留在服装中的整理剂会对儿童身体产生不利影响，因此要购买未经整理过的服装。

九、价格选择

家长们经常会遇到地摊上卖的童装几元到十几元，非常便宜，看着色彩鲜艳、漂亮、手感柔软，感觉非常合适，物美价廉，充满诱惑力。但是在此要提醒家长们，售价低廉的服装，成本也低，所用的原料、染料也是廉价的，这就保证不了服装的安全性能，因此建议家长们在正规商场、商店进行购买。这些场所销售产品属流通领域，是受相关部门监管的，质量总体好于地摊上的廉价服装。

所以说为了孩子安全，给孩子选择衣服时，不要只看衣服的外观漂亮，越繁琐的衣服往往越存在安全隐患，反而没有那些简易的衣服安全。所以尽量选择设计简洁的服装。

十、穿前洗涤

新购置的服装尤其是内衣，无论价格高低，穿之前要经过清水充分洗涤，充分晾晒后再穿，这样可以降低服装中残留的甲醛含量，有利于 pH 降到合理的范围，使引发儿童安全的潜在风险降到最低。

第二节 日常维护注意事项

儿童活泼好动，衣服可能刚穿上一会就脏了，如果不能及时洗涤，污渍可能渗入纤维内部，导致不能彻底清洗干净。下面介绍儿童服装在日常维护中应注意的事项。

一、污渍及时洗

孩子的衣服上经常会在饮食过程中沾上许多果汁、巧克力渍、奶渍、西红柿渍等，这些污渍不易清除，但只要是刚洒上的，如果马上洗，通常比较容易洗掉。如果过了一两天才洗，脏物可能深入纤维内部，就很难洗掉了，所以为了孩子的健康要做个勤劳的妈妈。

二、内衣与外衣分开，深色与浅色分开洗

通常外衣沾污多而且严重，内衣贴身穿主要是汗渍、皮肤油脂，因此内外衣污渍种类不同，如果一起洗涤，洗液中外衣上的污渍或细菌可能转移到内衣上，不利于内衣清洗；深色衣物在洗涤时可能褪色，洗下的染料存在于洗液中，如果与浅色衣服一起洗涤，可能会将浅色衣物染花，因此洗涤要分类。

三、儿童服装单独洗，与成人服装分开

儿童服装洗涤时切记要单独洗涤，避免成人服装上的污

渍、细菌转移到儿童服装上，以免对儿童身体健康造成威胁。

四、婴幼儿服装最好单独手洗，开水烫洗

婴幼儿皮肤娇嫩，抵抗力差，他们的服装要单独洗涤，避免额外细菌感染；经过开水烫洗消毒，有效地避免病菌的滋生。见图 4－1。

图 4－1　手洗婴幼儿服装

五、采用恰当的洗涤方式，标明手洗的不可机洗

有的服装维护标签上标明手洗的服装一定要手洗，不能用洗衣机洗涤。因为服装的原料、结构等可能承受不了洗衣机洗涤过程的外力，如果机洗，可能对服装质量造成伤害，影响再次穿用。

六、洗涤温度要适当

按照产品标识标明温度进行洗涤，否则温度过高可能对

某些纤维产生损伤，或对服装色泽产生影响。

七、洗涤液选择正确，保证漂洗干净

选择对儿童皮肤刺激性小的中性、环保的洗涤液。切记不要使用除菌剂、漂白剂。多次清水漂洗，保证不存在洗涤液的残留液，避免对儿童造成二次伤害。

八、充分晾晒

将儿童衣物放在阳光下充分晾晒，虽然阳光可能缩短衣服寿命，但能起到很好的消毒作用。见图 4-2。

图 4-2　阳光下充分晾晒

九、存放方式适当

儿童服装存放前要将衣物洗涤干净，这样可以避免衣物中细菌滋生、避免出现虫蛀、受潮等问题。但也要提醒家长们，换季时取出存放的衣物后，不要急于给孩子穿上，要放到通风的阳光下晾晒，利用阳光消毒，去除服装中的潮气、霉气。

第三节 儿童服装搭配技巧

五颜六色的儿童服装最容易吸引爸爸妈妈和小朋友的目光，根据孩子自身的特点，搭配合适色彩的服装可以凸显孩子的特性，增强孩子的自信。下面简单给予如下建议。

一、童装颜色上的搭配

不管是小孩子还是成年人，在选衣服的时候，首先选的是衣服的颜色，尤其是小孩子，他们对颜色有着独特的喜好。如果是皮肤颜色较黑的小女孩，首先要选一些高明度、高纯度的服装，这样穿起来不但漂亮，还显得比较精神。如果这个小女孩的皮肤颜色亮一些，那么她对衣服的色彩就放宽一些，比如，红色、黄色等颜色使人显得活泼、亮丽，黑色、灰色等暗一点的颜色使人显得清纯、雅致。

在注重色彩与儿童的肤色相适应的同时，还要注意，儿童的体形与童装色彩的搭配，如果是一个比较胖的孩子，要选冷色或深色的服饰，比如：灰、黑、蓝，因为冷色、暗色可以起来收缩作用，这样，就可以弥补这个孩子身体缺陷；如果孩子是比较瘦弱的，那么，我们可以给她选择一些暖色的衣服，绿色、米色、咖啡色等，这些颜色是向外扩展的，能给人们一种热烈的感觉。当然，童装的配色是没有固定格式的，过分的程式化会显得呆板，没有生气，但变化太多了，又容易显得很杂乱，惟一的宗旨是配色美，好看，让大家看着舒服就行了。

不同年龄段的儿童对不同的童装色彩的心理承受和生理

适应能力不同。儿童专家研究表明 0～2 岁前的婴幼儿的视觉神经尚未发育完全，色彩心理不健康，在此阶段不可用大红大绿等刺激性强的色彩去伤害视觉神经，浅淡色不仅能避免染料的皮肤的毒害，还可衬托出婴幼童清沏的双眸和粉滑的皮肤。儿童在 2～3 岁时视觉神经发育到可认识颜色，善于捕捉和凝视鲜亮的色彩，发育至 4～6 岁，儿童智力增长较快，也可以认识四种以上的颜色，能从浑浊暗色中判别明度较大的色彩。6～12 岁是培养儿童德、智、体全面发展的关键时期，童装色彩的应用会直接影响到儿童的心理素质。专家通过观察试验发现，从小穿灰暗色调的小女孩，易产生懦弱、羞怯、不合群的心态，若换上桔黄和桃红的鲜亮服装后会改善女装孤僻、无靠的心理状态。经常给小男孩穿紧身的深暗色服装，致使男童易骚动、并可能伴有“破坏癖”，若换穿黄色与绿色系列的温和色调的宽松服装，小男童的心态可转变，趋向乖顺和听话。

此外，在特定环境中的童装色彩还起到呵护儿童的作用，比如孩子的雨衣是要使用色彩艳亮的醒目色彩，以便灰蒙蒙的雨天里，避免交通事故。经常在夜间外出行走活动的大龄儿童其着装色彩应加进反光材料和荧光物质，易被行人和车辆重视与警觉。儿童服装的色彩关系到儿童的心理健康发展，彩色且环保的服装有利于儿童身心健康。见图 4－3。

二、童装的款式的搭配

应首先考虑到儿童的天性，在玩的过程中，衣服的舒适程度是很重要的一个因素，应以休闲服装以宽松自然为主要特征，小孩子身体正在发育，穿着外观精致、洒脱、宽松的

图 4-3　色彩艳丽的服装

休闲类衣服，平时做游戏跑动等，都方便，既有利于身体的发育，还能给人一种温柔可爱，舒适、随意的特别印象。可以利用童装的款式来补充一些孩子体形不足，比如，长得比较胖的孩子，给他们选择上衣时就要选择无领或圆领的衣服。比如：圆领 T 恤衫，小吊带裙等，下身穿着裤子，裤子不要太肥，夏秋季，穿收腿的七分裤或九分裤为好，这样穿上之后，这个孩子给人的整体感觉就不会太胖。一条牛仔裤，身体瘦长的孩子穿上之后，就显得身材纤细、匀称，而腿粗的孩子穿上之后，就会显得臃肿，这样的孩子，不妨给他选一件薄而略长的上衣遮住臀部，下身再配一条修长一点的直筒裤，那么穿上之后，就会给人一种身材修长的感觉。童装没有落不落伍一说，关键在于我们如何搭配。见图 4-4。

三、儿童其他配饰的选择

童帽也是童装的重要搭配，儿童皮肤细嫩，宜选择面料

图 4-4　时尚舒适的儿童服饰

柔软、花色俏丽、款式新颖的童帽，以衬托儿童活泼可爱的天性。皮肤白皙的宜选浅色的帽子，皮肤较黑的宜选稍深色的帽子；个头大的宜戴大檐帽、四角帽；个头小的宜戴无檐帽、八角帽等。见图 4-5。

图 4-5　儿童配饰

第五章　维权与投诉

第一章至第四章我们已经为大家介绍了儿童服装诸多安全知识和如何挑选服装等内容，按照前几章的内容，我们可能成功选购质量安全的儿童服装，但是家长们毕竟不是这方面的专家，在挑选服装时可能出现注重了服装的款式，忽略了服装质量的问题。那么一旦发现所购儿童服装存在质量问题时该如何做呢？本章给出如下建议。

第一节　维　　权

我们国家在保护消费者权利方面已经做了很多工作，在1993年10月31日第八届全国人民代表大会常务委员会第四次会议通过了我国第一部《中华人民共和国消费者权益保护法》是我国第一部保护消费者权益的法律。2009年8月27日第十一届全国人民代表大会常务委员会第十次会议《关于修改部分法律的决定》第一次修正。2013年10月25日第十二届全国人民代表大会常务委员会第五次会议《关于修改〈中华人民共和国消费者权益保护法〉的决定》第二次修正，该决定自2014年3月15日起施行。该法律的颁布与实施为消费者维护自身的权益提供了法律保障。

当消费者的权益受到损害时就要进行维权，我们就要运用国家赋予我们的权利来保护我们自身的利益，除了上面讲到的《中华人民共和国消费者权利保护法》外，我们可以运用的法律法规还有以下方面：

《中华人民共和国产品质量法》、《中华人民共和国标准化法》、纺织服装类商品涉及的相关产品标准。

《中华人民共和国产品质量法》第三章第一节明确了生产者的产品质量责任和义务。

[《中华人民共和国产品质量法》摘录：

第二十六条　生产者应当对其生产的产品质量负责。

产品质量应当符合下列要求：

（一）不存在危及人身、财产安全的不合理的危险，有保障人体健康和人身、财产安全的国家标准、行业标准的，应当符合该标准；

（二）具备产品应当具备的使用性能，但是，对产品存在使用性能的瑕疵作出说明的除外；

（三）符合在产品或者其包装上注明采用的产品标准，符合以产品说明、实物样品等方式表明的质量状况。

第二十七条　产品或者其包装上的标识必须真实，并符合下列要求：

（一）有产品质量检验合格证明；

（二）有中文标明的产品名称、生产厂厂名和厂址；

（三）根据产品的特点和使用要求，需要标明产品规格、等级、所含主要成份的名称和含量的，用中文相应予以标明；需要事先让消费者知晓的，应当在外包装上标明，或者预先向消费者提供有关资料；

（四）限期使用的产品，应当在显著位置清晰地标明生产

日期和安全使用期或者失效日期；

（五）使用不当，容易造成产品本身损坏或者可能危及人身、财产安全的产品，应当有警示标志或者中文警示说明。

裸装的食品和其他根据产品的特点难以附加标识的裸装产品，可以不附加产品标识。］

在标准分类上，我们国家标准分为国家强制性标准、国家推荐性标准、行业推荐性标准、企业标准等。标准编号由标准代号＋标准顺序号＋年号构成标准全称由标准编号＋标准名称的方式表示。(例如国家强制性标准：GB 18401—2010《国家纺织产品基本安全技术规范》、GB 20400—2006《皮革和毛皮　有害物质限量》、GB 5296.4—2012《消费品使用说明　第4部分　纺织品和服装使用说明》、国家推荐性标准例如：GB/T 23328—2009《机织学生服》、行业推荐性标准例如：FZ/T 81014—2008《婴幼儿服装》等)。

消费者在纺织品消费中享有哪些权利呢?

一、产品的基本安全性能的知情权

我们在此再重复的讲一下：目前国家标准化委员会颁布的GB 18401—2010《纺织品基本安全性能》、GB 20400—2006《皮革和毛皮　有害物质限量》里面涉及的指标中，要注意儿童服装商品的色牢度、甲醛含量、可分解致癌芳香胺染料等几个方面是否达到标准要求。

GB 18401—2010和GB 20400—2006标准是商品安全技术指标的最低要求，产品的安全指标没有达到该标准要求时就会对消费者产生损害。在吊牌上应标注“产品的基本安全技术类别”分别是“A类　婴幼儿用品”、“B类”或“C

类”。这些安全性能信息是供消费者参考的的基本信息。

二、产品的质量等级及产品所用的材质（成分）的知情权

产品质量等级代表着该商品的做工及内在质量的高低，纺织品一般分为“优等品”、“一等品”、“合格品”，各等级代表着不同质量高低，高等级的理化指标也相应的更好一些。就色牢度指标而言，高等级产品的变色、沾色情况要好于低等级产品的变色、沾色。即使产品存在变色、沾色情况，但是其不一定不符合相关产品标准要求，只是变色、沾色程度在允许范围内。

成分的标注提示我们产品使用的原材料的性质和不同的服用性能，天然纤维的价格要高一些，穿着的舒适性要好于化学纤维。建议童装内衣尽量选用天然纤维的产品（棉制品尤佳）。

三、生产企业名称、生产企业地址、电话等

在《中华人民共和国产品质量法》中明确要求生产企业在合格证上要标注企业的全称、注册地址、联系方式。这些是我们消费者了解相关企业信息的重要来源，是出现问题时可以进行追溯的依据，也是一个有社会责任的企业应尽的义务。

上述三个方面是吊牌应该提供给我们最基本的知情信息，也是我们在购买纺织服装商品时需要关注的，这是保证我们消费者自身权益的重要信息。在购买商品使用过程中，建议将吊牌保留一段时间再丢弃。

以上是我们在纺织品、服装商品消费中所享有的权利，那么一旦我们购买的商品存在缺陷，即购买的该商品质量没有达到相应的标准要求，也就形成了对消费者权利的侵害，我们就要运用相应的法律法规来维护我们自身的权利。

第二节　投　　诉

一、投诉的途径

1. 向商品经营者进行投诉

《中华人民共和国消费者权益保护法》第三章明确规定了经营者应义务，商品出现瑕疵的要进行退换货。

2. 向商品生产者进行投诉

《中华人民共和国产品质量法》第三章第一节第二十六条明确了生产者应当对其生产的产品质量负责。

3. 向政府相关行政管理机构投诉（投诉电话 12315、12316）

工商行政管理局、质量技术监督局是流通领域和生产领域质量监管行政主体，消费者协会是为保护消费者权利的组织机构。

4. 向人民法院提起诉讼

符合《中华人民共和国民事诉讼法》起诉条件，可以向人民法院提起诉讼。

二、投诉需准备的资料

1. 有疑问的商品购买凭证（购物发票）

凭证上应有销售单位的销售专用章，商品名称要与所购商品的合格证上名称一致，最好是标注了商品的货号，这些都是我们在购买商品时应提前要注意到的问题，以便产品质量出现问题时作为维护消费权益的凭证。

2. 商品的检验合格证明

纺织品、服装类产品上面的吊牌等标注了该商品信息的证明。

3. 商品质量缺陷的认证

在怀疑商品存在问题时，首先要与商家或生产者进行沟通，确认产品的质量是否存在质量缺陷，不能达成一致的情况下，可以委托具有相应检测资质的第三方检测机构对产品按相关标准进行检测，认定该产品质量是否符合明示标准的规定。